锐扬图书工作室/编

个性一族|简约时尚|温馨格调|尊贵大气

家居风格与材料详解

餐厅

海峡出版发行集团 THE STRAITS PUBLISHING & DISTRIBUTING GROUP | 福建科学技术出版社 FUJIAN SCIENCE & TECHNOLOGY PUBLISHING HOUSE

图书在版编目（CIP）数据

家居风格与材料详解 2000 例 . 餐厅 / 锐扬图书工作室编 . —福州 : 福建科学技术出版社 , 2012.11
ISBN 978-7-5335-4154-5

Ⅰ . ①家… Ⅱ . ①锐… Ⅲ . ①餐厅 – 室内装修 – 建筑设计 – 图集 Ⅳ . ① TU767-64

中国版本图书馆 CIP 数据核字 (2012) 第 243650 号

书　　名　家居风格与材料详解 2000 例　餐厅
编　　者　锐扬图书工作室
出版发行　海峡出版发行集团
　　　　　福建科学技术出版社
社　　址　福州市东水路 76 号（邮编 350001）
网　　址　www.fjstp.com
经　　销　福建新华发行（集团）有限责任公司
印　　刷　福建彩色印刷有限公司
开　　本　889 毫米 × 1194 毫米　1/16
印　　张　7
图　　文　112 码
版　　次　2012 年 11 月第 1 版
印　　次　2012 年 11 月第 1 次印刷
书　　号　ISBN 978-7-5335-4154-5
定　　价　29.80 元

Contents 目录

002 **餐厅背景墙装修的注意事项**

餐厅背景墙装修是装修的重要环节……

006 **餐厅的灯光宜柔和**

餐厅的灯光布置宜柔和……

010 **餐厅里如何选择摆放的植物**

餐厅是用餐的地方，摆放植物能净化……

014 **餐厅中灯具的选择**

由于餐厅是一家人用餐的地方……

018 **开放式餐厅照明的布置**

开放式餐厅往往与客厅或厨房连为一体……

022 **餐厅的色彩设计**

对餐厅墙面进行装饰时,要从建筑内部把握空间……

026 **餐厅装修的正确定位**

餐厅装修设计是整个家庭装修中较为轻松……

030 **餐厅的装修风格**

个性简约的餐厅设计风格……

034 **如何规划餐厅的空间布置**

餐厅空间的布置，不仅要注意从厨房……

038 **如何进行餐厅的界面装饰**

餐厅空间的各个界面……

042 **如何布置餐桌上方的吊灯**

一般在布置餐厅灯光时……

046 **如何注重餐厅装修的舒适性**

餐厅装修的目的就是要使家人的……

050 **如何选择餐厅装饰材料**

装饰材料需具备一些基本的……

054 **餐厅设计如何考虑室内的通风换气**

餐厅设计时要充分考虑到室内的……

058 **如何设计餐厅隔断**

所谓餐厅隔断，是指专门分割餐厅空间的……

062 **如何设计餐厅吊顶**

餐厅在我们家庭中是一个享受美食的地方……

066 **餐厅中餐桌的选择**

餐桌是人们日常用餐必备的家具……

070 **如何安装餐厅推拉门**

日常的餐厅装修中，安装推拉门主要是……

074 **餐厅中装饰画的选择**

餐厅是家人用餐和交流感情的地方……

078 **如何打造个性餐厅**

随着人们生活水平的不断提高……

082 **餐厅空间的布置**

餐厅空间的布置要阴阳平衡……

086 **餐厅装修设计如何省钱**

合理设计，装修到位。一般来说……

090 **如何进行餐厅与厨房的布局**

餐厅一般位于客厅和厨房之间……

094 **如何进行餐厅酒柜的设计**

一个好的餐厅酒柜设计会给餐厅带来……

098 **如何搭配餐厅墙面和灯光的色调**

餐厅墙面颜色和餐厅灯光颜色搭配……

102 **如何合理利用餐厅厨房一体空间进行收纳**

整洁干净的餐厅空间能够为生活增加不少乐趣……

106 **餐厅环境空间的艺术表现**

“民以食为天”，中国人的“食”不仅仅只是……

❶ 米黄网纹大理石
❷ 红砖
❸ 樱桃木饰面板
❹ 车边银镜
❺ 马赛克
❻ 木装饰线刷白
❼ 金刚板

餐厅背景墙装修的注意事项

餐厅背景墙装修是装修的重要环节，因为它可能决定着餐厅装修的整体效果。在装修餐厅背景墙的时候，最好按照自己的喜好来装修，因为餐厅的装修必然是要符合个人的品味，自己喜欢的才是最好的。因为个性化的装修，才能够提高生活的品质。可以打造壁画似的装饰墙，亲自手绘一幅餐厅背景墙。也可以悬挂异国情调的装饰，在家享受西餐、日韩料理的时候，用餐氛围胜过任何星级餐厅。还可以手绘出随性又自由的画作，能营造出轻松愉悦的用餐环境。

❶ 木纹壁纸
❷ 木造型刷白
❸ 壁纸
❹ 艺术玻璃
❺ 茶色烤漆玻璃
❻ 白色亚光地砖

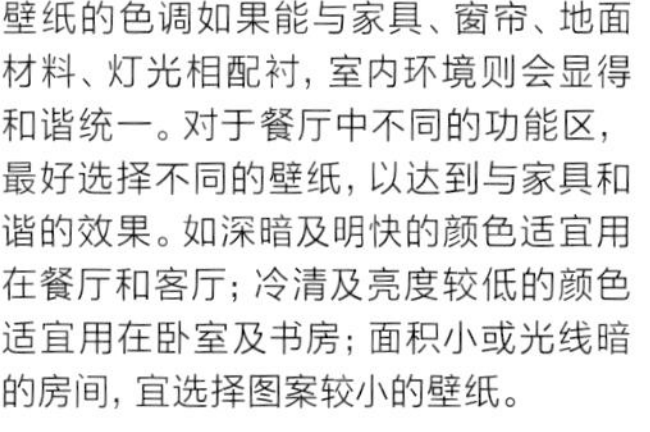

壁纸的色调如果能与家具、窗帘、地面材料、灯光相配衬，室内环境则会显得和谐统一。对于餐厅中不同的功能区，最好选择不同的壁纸，以达到与家具和谐的效果。如深暗及明快的颜色适宜用在餐厅和客厅；冷清及亮度较低的颜色适宜用在卧室及书房；面积小或光线暗的房间，宜选择图案较小的壁纸。

❶ 黑色烤漆玻璃
❷ 茶色玻化砖
❸ 艺术玻璃
❹ 仿木纹地砖
❺ 车边银镜
❻ 仿古砖
❼ 白色乳胶漆

❶ 壁纸
❷ 仿古砖
❸ 网纹玻化砖
❹ 黑色烤漆玻璃
❺ 条纹壁纸
❻ 洞石
❼ 金刚板

❶ 黑色烤漆玻璃
❷ 米黄色亚光地砖
❸ 装饰镜面
❹ 白色亚光地砖
❺ 壁纸
❻ 装饰银镜
❼ 实木踢脚线

餐厅的灯光宜柔和

餐厅的灯光布置宜柔和，柔和的灯光有助于增添家庭成员用餐时的温馨气氛，创造有利于情感交流的氛围。餐厅的灯应以白炽灯为主，辅以台灯和壁灯，或者用可调光的灯。在就餐的时候用低亮度的灯光可以创造温馨舒适的就餐氛围。但餐厅的灯光切忌昏暗，昏暗的灯光使得周围的阴气加重，会影响人的精神和心情，使人吃饭没有胃口，做事无精打采。总之，餐厅的灯光布置宜柔和，不宜太亮或者太暗。

❶ 热熔玻璃
❷ 金刚板
❸ 木质搁板
❹ 羊毛地毯
❺ 茶色镜面玻璃
❻ 柚木饰面板
❼ 仿古砖

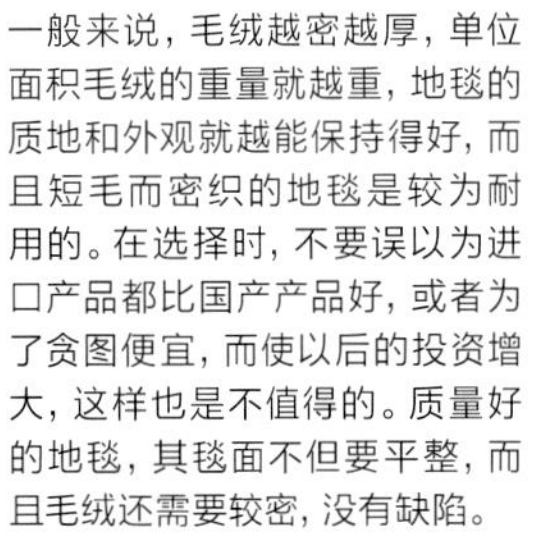

一般来说，毛绒越密越厚，单位面积毛绒的重量就越重，地毯的质地和外观就越能保持得好，而且短毛而密织的地毯是较为耐用的。在选择时，不要误以为进口产品都比国产产品好，或者为了贪图便宜，而使以后的投资增大，这样也是不值得的。质量好的地毯，其毯面不但要平整，而且毛绒还需要较密，没有缺陷。

❶ 白色乳胶漆
❷ 实木踢脚线
❸ 石膏板肌理造型
❹ 有色乳胶漆
❺ 壁纸
❻ 艺术玻璃
❼ 白色亚光地砖

❶ 有色乳胶漆
❷ 白色玻化砖
❸ 洞石
❹ 车边银镜
❺ 石膏板
❻ 网纹玻化砖

❶ 壁纸
❷ 车边银镜
❸ 肌理壁纸
❹ 玻化砖
❺ 木质搁板
❻ 清玻璃
❼ 玫瑰木地板

餐厅里如何选择摆放的植物

餐厅是用餐的地方，摆放植物能净化餐厅的空气，营造良好的氛围，增加人的食欲。餐厅摆放的植物最好是观赏性很强的花卉，一般黄色的花卉如黄玫瑰、黄水仙，或者花色明亮如海棠、康乃馨等类型的花比较适合。餐厅最好不要放一品红、百合等香味浓郁的植物，香味太强烈反而会影响到人的食欲。另外，餐厅的植物不宜摆放在餐桌上，离餐桌要有一定距离，家人能远远看着、闻到淡淡的香味是最好的。餐厅的植物最好是小型盆栽或小花瓶养的鲜花，还要注意保持植物的清洁卫生。

❶ 黑烤漆玻璃
❷ 木质格栅
❸ 壁纸
❹ 金刚板
❺ 铁锈红玻化砖
❻ 白色乳胶漆
❼ 白色玻化砖

玻化砖一定要注重其光洁度、砖体颜色、分量以及环保性。缝隙越小、结合得越紧密，表明光洁就越好。光洁度越好，就说明玻化砖的生产工艺越高。人们越来越重视环保，所以购买玻化砖的时候还要看产品的相关质检报告，尤其是看产品中具有辐射性的氢气含量是否超标。

❶ 有色乳胶漆
❷ 白色亚光地砖
❸ 黑胡桃木饰面板
❹ 壁纸
❺ 金刚板
❻ 密度板刷白
❼ 磨砂玻璃

❶ 艺术玻璃
❷ 黑色烤漆玻璃
❸ 爵士白大理石
❹ 仿古砖拼花
❺ 石膏板
❻ 人造大理石台面

❶ 茶色镜面玻璃
❷ 米色亚光地砖
❸ 镜面吊顶
❹ 白色乳胶漆
❺ 冰裂纹玻璃
❻ 白色玻化砖

餐厅中灯具的选择

由于餐厅是一家人用餐的地方，应选用造型较为简单、温馨和素雅的吊灯较合适。不像客厅那样是这个家庭的门面，在灯具造型上也需讲究华丽贵气。在选择餐厅吊灯时，除了个人品味和喜好之外，还需注意以下几点：

1.吊灯的大小和形式需与餐厅的整体风格和餐桌的形式搭配，因为空间的大小和餐桌的形式均与吊灯的盏数、亮度和配置方式息息相关。

2.需要根据餐厅装饰来考虑吊灯亮度的可变性。

3.选择购买时业主应考虑吊灯的高低位置是否可以任意调整。

4.选择购买时业主应考虑吊灯的材质和质感，以及清洁和保养的难易程度。

❶ 浮雕壁纸
❷ 直纹斑马木饰面板
❸ 黑色烤漆玻璃
❹ 茶色镜面玻璃
❺ 石膏板
❻ 木质格栅

餐厅中选择石膏板进行装饰，其饰面可以模仿各种花纹图案，其色调图案逼真，新颖大方，板材强度高、耐污染、易清洗，可用于装饰墙面、做护墙板及踢脚板等，是代替天然石材和水磨石的理想材料，具有轻质、防火、防潮、易加工、安装简单等特点。

❶ 白桦木饰面板
❷ 肌理壁纸
❸ 黑色烤漆玻璃
❹ 金刚板
❺ 马赛克
❻ 有色乳胶漆
❼ 实木踢脚线

❶ 有色乳胶漆
❷ 白色玻化砖
❸ 木纹壁纸
❹ 爵士白大理石
❺ 手绘墙
❻ 白色乳胶漆
❼ 金刚板

❶ 艺术镜面
❷ 白色网纹玻化砖
❸ 彩绘玻璃
❹ 米色亚光地砖
❺ 白色乳胶漆
❻ 木纹地砖

开放式餐厅照明的布置

开放式餐厅往往与客厅或厨房连为一体，因此，选择的灯具款式就要考虑到与之相连的房间装饰风格，或现代，或古典，或中式，或欧式。如果是独立式餐厅，那灯具的选择、组合方式就可随心所欲了，只要配合家具的整体风格便可。总之，不同的灯因结构及安装位置的不同会呈现出不同的光影效果，在灯的搭配上就需依个人的饮食习惯及餐桌、椅子、餐具等摆放的实际情况来选用，以表现出丰富的层次感。餐厅灯在满足基本照明的同时，更注重的是营造一种进餐的情调，烘托温馨、浪漫的居家氛围，因此，应尽量选择暖色调、可以调节亮度的灯源。

❶ 木质搁板
❷ 热熔玻璃
❸ 木质格栅
❹ 木纹壁纸
❺ 镜面马赛克
❻ 木造型刷白

外观有无色透明的，着色透明的，半透明的，带金、咖啡色的。具有色调柔和、朴实、典雅、美观大方、化学稳定性、冷热稳定性好等优点，而且还有不变色、不积尘、容重轻、粘结牢等特性。由于反光性强的特点，常用来装饰背景墙等，是目前潮流的安全环保建材。它算是最小巧的装修材料，组合变化的可能性非常多，一般装饰采用纯色或点缀的铺贴手法。

❶ 钢化玻璃搁板
❷ 有色乳胶漆
❸ 金刚板
❹ 艺术玻璃
❺ 黑色烤漆玻璃
❻ 壁纸
❼ 石膏板

❶ 有色乳胶漆
❷ 马赛克
❸ 仿古砖
❹ 木质搁板
❺ 黑色烤漆玻璃
❻ 壁纸
❼ 金刚板

❶ 有色乳胶漆
❷ 仿木纹地砖
❸ 木质搁板
❹ 仿古砖
❺ 石膏板
❻ 羊毛地毯
❼ 金刚板

餐厅的色彩设计

对餐厅墙面进行装饰时，要从建筑内部把握空间，运用科学技术及文化艺术手段，创造出功能合理、舒适美观、符合人的生理及心理要求的空间环境。在装饰设计中绝不能忽略色彩的作用，要从单纯的形式美感转向文化意识，从为装饰而装饰或一般地创造气氛，提高到对艺术风格、文化特色和美学价值的追求及意境的创造。餐厅装修的色彩配搭一般都是随着客厅的，因为目前国内多数的建筑设计，餐厅和客厅都是相通的，这主要是从空间感的角度来考虑。对于独立的餐厅，宜采用暖色系，因为从色彩心理学上来讲，暖色有利于促进食欲，这也就是为什么很多餐厅采用黄、红色系的原因。一般暖色调，如乳白色、淡黄色等，可通过贴壁纸或粉刷乳胶漆来实现；灯光要柔和些，不强烈、不刺眼。

❶ 镜面马赛克
❷ 木质搁板
❸ 白色乳胶漆
❹ 清玻璃
❺ 石膏板
❻ 艺术玻璃

一种应用广泛的高档玻璃品种。它是用特殊颜料直接着墨于玻璃上，或者在玻璃上喷雕成各种图案再加上色彩制成的，可逼真地对原画复制，而且画膜附着力强，可进行擦洗。根据室内彩度的需要，选用艺术玻璃，可将绘画、色彩、灯光融于一体；也可将大自然的生机与活力剪裁入室。艺术玻璃图案丰富亮丽，居室中彩绘玻璃的恰当运用，能较自如地创造出一种赏心悦目的和谐氛围，增添浪漫迷人的现代情调。

❶ 轻龙骨装饰横梁
❷ 玫瑰木金刚板
❸ 茶色镜面玻璃
❹ 钢化玻璃
❺ 金刚板
❻ 木百叶

❶ 金刚板
❷ 车边银镜
❸ 茶色镜面玻璃
❹ 木杆造型隔断
❺ 柚木饰面板
❻ 热熔玻璃
❼ 网纹亚光地砖

❶ 石膏板
❷ 木造型刷白
❸ 白色墙砖
❹ 白色玻化砖
❺ 大理石踢脚线

餐厅装修的正确定位

餐厅装修设计是整个家庭装修中较为轻松的部分，不过也是最容易让人放松警惕的环节。餐厅的总体布局是通过使用空间、工作空间等要素的完美组织所共同创造的一个整体。由于餐厅空间有限，所以许多建材与设备，均应作经济有序的组合，以显示出形式之美。餐厅材料的运用对装修的成败至关重要，因为材料不仅体现了文化的元素、装修的定位正确与否，而且更让人们关心的是材料对于整个装修预算的影响。同时餐厅设计时颜色的选择与整体格调，也表现出主人的个性和品位。其中也包含了灯光等光影效果，这也是营造餐厅氛围的重要物质要素。

❶ 爵士白大理石
❷ 马赛克
❸ 白色乳胶漆
❹ 茶色镜面玻璃
❺ 木纹壁纸
❻ 木质搁板

餐厅可使用白色乳胶漆粉刷，白顶、白墙，既清静又适合搭配任何颜色家具。乳胶漆与普通油漆不同，它是以水为介质进行稀释和分解，无毒无害，不污染环境，无火灾危险，施工工艺简便，消费者可自己动手涂刷。乳胶漆结膜干燥快，施工工期短，节约装饰装修施工成本。白色高级乳胶漆还可随意配饰各种色彩，随意选择各种光泽，如亚光、高光、无光、丝光、石光等，装饰手法多样，装饰格调清新淡雅，涂饰完成后手感细腻光滑。

❶ 石膏板
❷ 黑色烤漆玻璃
❸ 手绘墙
❹ 白色亚光地砖
❺ 仿古砖
❻ 木质格栅
❼ 不锈钢条

❶ 壁纸
❷ 仿古砖
❸ 米黄色玻化砖
❹ 大理石踢脚线
❺ 磨砂玻璃
❻ 黑白根大理石拼花
❼ 米色亚光地砖

❶ 铂金壁纸
❷ 玻化砖
❸ 黑色烤漆玻璃
❹ 白色亚光地砖
❺ 铁艺隔断
❻ 洞石
❼ 白色亚光地砖

餐厅的装修风格

个性简约的餐厅设计风格，一切以简约为标准。简约的线条，个性的装饰，没有繁杂的点缀；经过细致装扮的田园风格餐厅，将田园的优雅与清新带进室内来，在这样的餐厅里用餐，享受的不仅仅是美食，还有愉悦的气氛；中式餐厅风格，最经典的摆设是大气的八仙桌、原木材料的桌椅，以及牡丹图案的地毯，演绎纯中式的古典。欧式风尚，用烛台来装饰餐桌被运用得很广泛，但同时用烛台水晶吊灯一起搭配的恐怕不多见。用热情的火红装扮餐厅，营造浓浓的庄园格调。用嵌入式的壁柜存放葡萄酒，既节省空间，又营造出另一番浪漫情调。在未来，餐厅将变成更加复合型的场所，因此，餐厅的风格要体现您的个性品位和时尚。

❶ 仿古砖
❷ 装饰镜面
❸ 玻化砖
❹ 白色亚光地砖
❺ 清玻璃
❻ 黑色烤漆玻璃

仿古砖仿造以往的样式做旧，用带着古典的独特韵味吸引人们的目光。为体现岁月的沧桑，历史的厚重，仿古砖通过样式、颜色、图案，营造出怀旧的氛围，色调则以黄色、咖啡色、暗红色、土色、灰色、灰黑色等为主。仿古砖蕴藏的文化、历史内涵和丰富的装饰手法，使其成为欧美市场的瓷砖主流产品，在国内也得到了迅速的发展。仿古砖的应用范围广并有墙地一体化的发展趋势，其创新设计和创新技术赋予仿古砖更高的市场价值和生命力。

❶ 石膏板
❷ 木质格栅
❸ 金刚板
❹ 黑色烤漆玻璃
❺ 白色乳胶漆
❻ 灰色玻化砖
❼ 实木踢脚线

❶ 网纹亚光地砖
❷ 不锈钢条
❸ 黑色烤漆玻璃
❹ 金刚板
❺ 艺术玻璃
❻ 爵士白大理石
❼ 白色网纹玻化砖

❶ 木角线刷白
❷ 网纹亚光地砖
❸ 钢化玻璃
❹ 金刚板
❺ 米色墙砖
❻ 仿古砖

如何规划餐厅的空间布置

餐厅空间的布置，不仅要注意从厨房配餐到顺手收拾的方便合理性，还要体现出家人的团圆、团结和欢乐气氛。用餐空间的大小，要结合整个居室空间的大小、用餐人数、家具尺寸等多种因素来决定。餐桌的造型一般有正方形、长方形、圆形等，而不同造型的餐桌所占的空间也是不同的。另外，餐厅里除了餐桌、餐椅等家具外，也可以根据条件来设置酒柜、收纳柜。一般盛饭用的器皿都会收藏在厨房内，而用餐时用的杯子、酒类、刀叉类、餐垫、餐巾等可以放在专门的收纳柜里或者酒柜里。

❶ 白色乳胶漆
❷ 金刚板
❸ 木质搁板
❹ 白色亚光地砖
❺ 壁纸
❻ 石膏板
❼ 磨砂玻璃
❽ 车边银镜
❾ 人造大理石台面

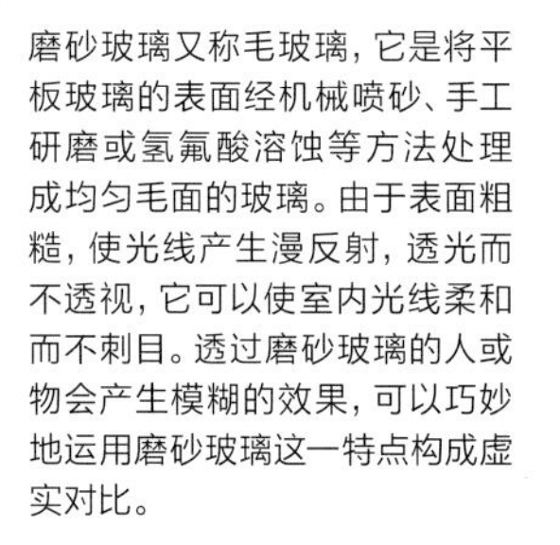
磨砂玻璃又称毛玻璃，它是将平板玻璃的表面经机械喷砂、手工研磨或氢氟酸溶蚀等方法处理成均匀毛面的玻璃。由于表面粗糙，使光线产生漫反射，透光而不透视，它可以使室内光线柔和而不刺目。透过磨砂玻璃的人或物会产生模糊的效果，可以巧妙地运用磨砂玻璃这一特点构成虚实对比。

❶ 石膏板
❷ 爵士白大理石
❸ 柚木饰面板
❹ 黑色烤漆玻璃
❺ 白色玻化砖
❻ 艺术玻璃
❼ 白色亚光地砖

1 石膏板
2 黑色墙砖
3 亚光地砖
4 壁纸
5 钢化玻璃搁板
6 实木踢脚线
7 白色玻化砖

❶ 艺术玻璃
❷ 米色网纹玻化砖
❸ 水曲柳木线条刷白
❹ 白色玻化砖
❺ 石膏板
❻ 木踢脚线

如何进行餐厅的界面装饰

餐厅空间的各个界面要根据不同的功能、不同的作用来装饰。比如餐厅的地面要选择一些易于清洁、不易污染的地板或者面砖等材料，特别是有孩子的家庭，更应该注意地面的处理。顶棚则要选择一些不易沾染烟污物而且易于维护的装饰材料来装饰。墙面的装饰不宜太花哨，不然花哨的装饰易于将人的视线从餐桌上转移到墙面上，从而影响到家人的进餐。餐桌上最好选用合适的桌布，其色彩和图案要利于进餐，以促进家人的食欲。

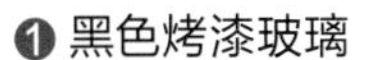

❶ 黑色烤漆玻璃
❷ 白色玻化砖
❸ 壁纸
❹ 热熔玻璃
❺ 有色乳胶漆
❻ 仿木纹地砖

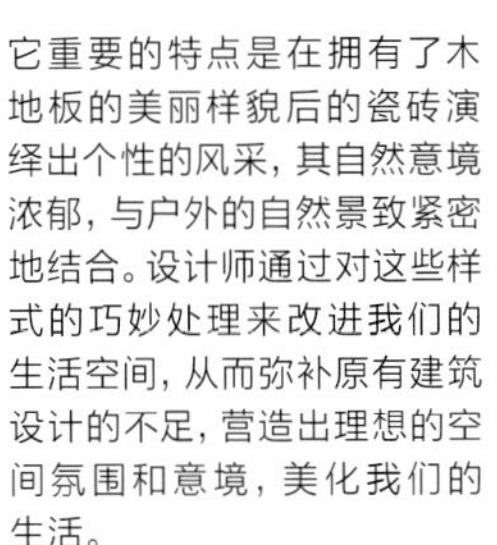

它重要的特点是在拥有了木地板的美丽样貌后的瓷砖演绎出个性的风采，其自然意境浓郁，与户外的自然景致紧密地结合。设计师通过对这些样式的巧妙处理来改进我们的生活空间，从而弥补原有建筑设计的不足，营造出理想的空间氛围和意境，美化我们的生活。

❶ 车边银镜
❷ 白色玻化砖
❸ 网纹亚光地砖
❹ 白色乳胶漆
❺ 木质雕空造型刷白
❻ 米黄色网纹大理石
❼ 黑色烤漆玻璃

❶ 白桦木饰面板
❷ 仿古砖
❸ 壁纸
❹ 金刚板
❺ 轻钢龙骨装饰横梁
❻ 白色玻化砖

❶ 艺术玻璃
❷ 白色乳胶漆
❸ 有色乳胶漆
❹ 金刚板
❺ 磨砂玻璃
❻ 仿古砖

如何布置餐桌上方的吊灯

一般在布置餐厅灯光时，为了就餐时的照明，都喜欢在餐桌上方布置吊灯。在餐桌上方布置吊灯时要注意两个问题：一是不宜用烛形吊灯，烛形吊灯是指仿造蜡烛形状的灯具，好像在就餐时点上蜡烛一样，很有诗情画意，但从民俗角度讲是不利于风水的。因为民间点蜡烛往往用于丧葬或供奉神佛，如果是白色的灯光则为不祥，黄色的灯光会好一点，红色的灯光虽然貌似喜庆，但红光又容易使人产生扑朔迷离的迷幻感，也不太适宜。二是餐桌上方的吊灯一定要在位置上正对餐桌上方，而不能位于餐椅的正上方，否则人会被光束所伤，影响宅运。如果餐厅的灯具已经安装好了而正好在餐椅上方，可通过移动餐椅的位置来化解。

❶ 艺术玻璃
❷ 仿古砖
❸ 红砖
❹ 石膏板
❺ 艺术玻璃
❻ 木窗棂造型
❼ 白色乳胶漆
❽ 彩绘玻璃
❾ 黑晶砂大理石

红砖一般由红土制成，依据各地土质的不同，颜色也不完全一样。一般来说，红土制成的砖及煤渣制成的砖比较坚固，既有一定的强度和耐久性，又因其多孔而具有一定的保温绝热、隔音等优点。居室内以红砖来装饰墙面，即典雅古朴，又展现了个性的装饰风格，同时也体现了人们的个性生活。

❶ 石膏板
❷ 玫瑰木金刚板
❸ 灰色烤漆玻璃
❹ 木格栅吊顶
❺ 马赛克
❻ 磨砂玻璃
❼ 白枫木饰面板

❶ 木造型刷白
❷ 车边银镜
❸ 白桦木饰面板
❹ 爵士白大理石
❺ 石膏板
❻ 亚光墙砖
❼ 米黄色玻化砖

❶ 石膏板
❷ 装饰壁画
❸ 装饰珠帘
❹ 条纹壁纸
❺ 木质搁板
❻ 木踢脚线
❼ 亚光地砖

如何注重餐厅装修的舒适性

餐厅装修的目的就是要使家人的就餐环境更加舒适、温馨。舒适包括身心两个方面，只有身心同时愉悦才是真正的舒适。为了达到这个目的，绿色装修就必须满足人的物质与精神两方面的需求。前者是在功能上满足家庭生活的使用要求，并提供一个使人体感到舒适的自然环境；后者是创造出一种和家庭生活相适应的氛围，使家居环境产生一定的审美价值，并且通过人的联想作用，使其能具有一定的情感价值，从而满足人在精神方面的需求。

❶ 胡桃木饰面板
❷ 木质搁板
❸ 磨砂玻璃
❹ 仿木纹地砖
❺ 釉面砖
❻ 黑胡桃木饰面板

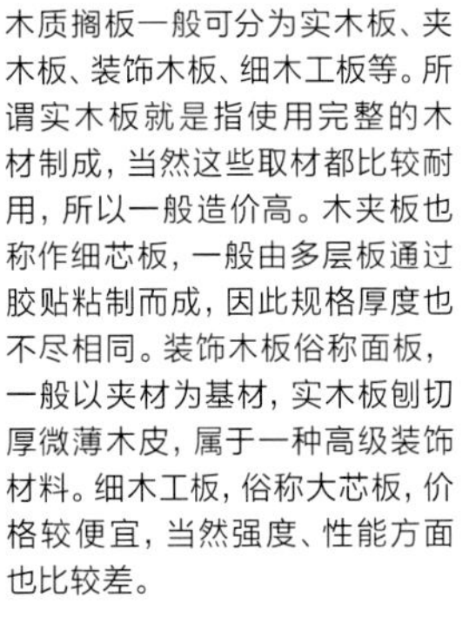

木质搁板一般可分为实木板、夹木板、装饰木板、细木工板等。所谓实木板就是指使用完整的木材制成，当然这些取材都比较耐用，所以一般造价高。木夹板也称作细芯板，一般由多层板通过胶贴粘制而成，因此规格厚度也不尽相同。装饰木板俗称面板，一般以夹材为基材，实木板刨切厚微薄木皮，属于一种高级装饰材料。细木工板，俗称大芯板，价格较便宜，当然强度、性能方面也比较差。

❶ 白色乳胶漆
❷ 实木踢脚线
❸ 艺术玻璃
❹ 金刚板
❺ 钢化玻璃
❻ 彩绘玻璃
❼ 白色玻化砖

❶ 有色乳胶漆
❷ 黑晶砂大理石拼花
❸ 仿古砖
❹ 茶色烤漆玻璃
❺ 石膏板
❻ 壁纸
❼ 胡桃木饰面板

❶ 车边银镜
❷ 仿古砖
❸ 木质搁板
❹ 玫瑰木金刚板
❺ 装饰镜面
❻ 磨砂玻璃
❼ 白枫木百叶

如何选择餐厅装饰材料

装饰材料需具备一些基本的使用性能，如材料的耐污性、耐火性、耐水性、耐磨性、耐腐蚀性等，这些基本性能可保证其在长期的使用过程中经久常新，保持其原有的装饰效果。此处要体现材料的质感，质感是材料的表面组织结构、花纹图案、颜色、光泽、透明性等给人的一种综合感觉。装饰材料软硬、粗细、凹凸、轻重、疏密、冷暖等组成了材料的质感。相同的材料可以有不同的质感，如光面大理石与烧毛面大理石、镜面不锈钢板与拉丝不锈钢板等。一般而言，粗糙不平的表面能给人以粗犷豪迈感，而光滑、细致的平面则给人以细腻、精致美。

❶ 金刚板
❷ 白色乳胶漆
❸ 艺术玻璃
❹ 米黄色亚光地砖
❺ 有色乳胶漆
❻ 木质搁板

金刚板是强化地板的俗称，其标准名称为“浸渍纸层压木质地板”。一般是由四层材料复合组成，即耐磨层、装饰层、高密度基材层、平衡(防潮)层。合格的强化地板是以一层或多层专用浸渍热固氨基树脂，覆盖在高密度板等基材表面，背面加平衡防潮层、正面加装饰层和耐磨层经热压而成。

❺

❶ 石膏板
❷ 人造大理石台面
❸ 白色玻化砖
❹ 网纹亚光地砖
❺ 三聚氰胺面板
❻ 玫瑰木金刚板
❼ 艺术玻璃

❶ 金刚板
❷ 艺术玻璃
❸ 白桦木饰面板
❹ 米色玻化砖
❺ 文化砖
❻ 铁艺造型隔断
❼ 亚光地砖

❶ 茶色烤漆玻璃
❷ 仿古砖
❸ 艺术玻璃
❹ 爵士白大理石
❺ 装饰镜面
❻ 肌理壁纸
❼ 木质踢脚线

餐厅设计如何考虑室内的通风换气

餐厅设计时要充分考虑到室内的通风换气，不要在门窗上设置障碍物以致阻挡空气流通。因为一般正规厂家生产的油漆、乳胶漆中含有的甲醛等有害物质需要经过一定时间的通风释放，其含量才会降低到安全标准；如果不是正规厂家生产的，就更需要通风换气了。还要保持餐厅的的干净整齐，不要随便堆放杂物。餐厅的排气扇要设计好位置，以便更好地排出废气，避免油烟、水汽污染室内环境，影响室内装饰材料寿命，影响到人的健康。

1. 爵士白大理石
2. 黑色烤漆玻璃
3. 实木踢脚线
4. 磨砂玻璃
5. 米色亚光地砖
6. 有色乳胶漆
7. 仿大理石玻化砖

踢脚线与阴角线、腰线一起起着视觉的平衡作用，利用它们的线形感觉及材质、色彩等在室内相互呼应，可以起到较好的美化装饰效果。踢脚线的另一个作用是它的保护功能，做踢脚线可以更好地使墙体和地面之间结合牢固，减少墙体变形，避免外力碰撞造成破坏。另外，踢脚线也比较容易擦洗，如果拖地溅上脏水，擦洗非常方便。踢脚线除了它本身的保护墙面功能之外，在家居美观的比重上也占有相当比例，它是地面的轮廓线，视线经常会很自然地落在上面。

❶ 木格栅刷白
❷ 有色乳胶漆
❸ 彩色地砖拼花
❹ 白色乳胶漆
❺ 艺术玻璃
❻ 黑色烤漆玻璃
❼ 壁纸

❶ 轻钢龙骨装饰横梁
❷ 木质搁板
❸ 石膏板肌理造型
❹ 米色玻化砖
❺ 木造型刷白
❻ 金刚板
❼ 白色乳胶漆

❶ 文化石
❷ 马赛克
❸ 实木踢脚线
❹ 实木地板
❺ 黑色烤漆玻璃
❻ 茶色镜面玻璃
❼ 爵士白大理石

如何设计餐厅隔断

所谓餐厅隔断，是指专门分割餐厅空间的不到顶的半截立面，主要起到分割空间的作用。它与隔墙其实功能上比较相近，只是它们最大的区别在于隔墙是做到板下的，即立面的高度不同，而隔断是一般不做到板下的，有的隔断甚至可以自由移动。从早几年开始，隔断作为家居中分割空间和装饰的元素被家居行业重视，也得到了广大群众的喜爱，如今餐厅隔断流行开来，已经逐渐成为餐厅必备的家具。比如屏风、展示架、酒柜，这样的隔断既能打破固有格局、区分不同性质的空间，又能使居室环境富于变化，实现空间之间的相互交流，为居室提供更大的艺术与品位相融合的空间。这样的设计和演化，是餐厅装修的必然趋势。

❶ 壁纸
❷ 米色玻化砖
❸ 车边银镜
❹ 大理石拼花
❺ 白色玻化砖
❻ 磨砂玻璃
❼ 钢化玻璃搁板
❽ 装饰珠帘
❾ 仿古砖

车边是指在玻璃（包括镜子）的四周按照一定的宽度，车削一定坡度的斜边，看起来具有立体的感觉，或者说是具有套框的感觉。车边银镜的装饰，个性时尚、美轮美奂，为居室装修增添了个性色彩。餐厅中使用车边银镜并经过微妙的处理，大大增加了餐厅的空间感，让两厅视线得到最大程度地延伸。

❶ 水曲柳饰面板
❷ 磨砂玻璃
❸ 玫瑰木金刚板
❹ 柚木饰面板
❺ 木装饰立柱刷白
❻ 白色乳胶漆
❼ 米黄色玻化砖

❶ 清玻
❷ 亚光地砖
❸ 艺术玻璃
❹ 木质搁板
❺ 仿古砖
❻ 艺术玻璃
❼ 白色乳胶漆

❶ 网纹玻化砖
❷ 木造型隔断刷白
❸ 仿古砖
❹ 轻钢龙骨装饰横梁
❺ 木造型刷白
❻ 艺术茶玻
❼ 米黄色网纹玻化砖

如何设计餐厅吊顶

餐厅在我们家庭中是一个享受美食的地方，餐厅吊顶的装修就应注意以明亮、洁净为主，还要体现出情趣、浪漫的艺术氛围。餐厅吊顶在设计上要有创新性，设计效果要给人耳目一新的感觉，还应采用技巧，打破常规，征服我们的眼。整体效果更是要给人个性、清新、亮丽的感觉，在这样一间优雅的餐厅吃饭保证你胃口大开。

❶ 壁纸
❷ 黑色烤漆玻璃
❸ 木质格栅
❹ 茶色烤漆玻璃
❺ 米色玻化砖
❻ 金刚板

木质格栅具有良好的透光性、空间性、装饰性及其隔热、降噪声等功能。在家庭装修中用的最普遍的是推拉门、窗，其次是吊顶、平开门和墙面的局部装饰。在餐厅的上方做木格栅吊顶，会使家中充满生活情趣，客厅中拥有木格栅则有一种古色幽幽的气氛。

❶ 爵士白大理石
❷ 深啡网纹大理石拼花
❸ 木质搁板
❹ 金刚板
❺ 仿古砖
❻ 有色乳胶漆
❼ 釉面砖拼花

❶ 壁纸
❷ 玻璃马赛克
❸ 米色玻化砖
❹ 白桦木饰面板
❺ 红砖
❻ 木质搁板
❼ 米色玻化砖

❶ 实木踢脚线
❷ 仿古砖
❸ 白色乳胶漆
❹ 金刚板
❺ 有色乳胶漆
❻ 壁纸

餐厅中餐桌的选择

餐桌是人们日常用餐必备的家具，随着现代生活的个性化，餐桌的样式及材质也越来越丰富。一般家用餐桌按材质可以分为实木餐桌、钢木餐桌、大理石餐桌、玉石餐桌、云石餐桌等，其中实用性最强、运用最广泛的餐桌就是实木餐桌。实木餐桌是以实木为主要材质制作成的供进餐用的桌子，一般实木构成的家具很少掺杂有其他物质材料，四脚和面板均为实木，四脚之间的连接通过四脚每一根柱子之间打上孔，和面板之间的连接大部分也是这样。实木餐桌优缺点也比较明显，最突出的优点就是，充满古色古香的实木餐桌，看上去稳扎、结实；而最大的缺点就是容易划伤，易着火。因此在使用实木餐桌时，要注意防火、防划伤。

❶ 直纹斑马木饰面板
❷ 柚木饰面板
❸ 壁纸
❹ 艺术壁贴
❺ 玫瑰木金刚板
❻ 车边银镜

艺术壁贴是近些年来新兴的设计产品，由于具有使用方便、随性使用的优点，及极具亲和力的价格，在短短几年之内就成为居家墙面装饰的新兴建材。而最让人欣喜的是，这类装饰壁贴提供使用者参与的机会，让每个人都能创作出独特的墙面表情。

❶ 车边银镜
❷ 爵士白大理石
❸ 马赛克
❹ 石膏板
❺ 白色玻化砖
❻ 网纹玻化砖
❼ 木质格栅

❶ 黑色烤漆玻璃
❷ 艺术墙贴
❸ 磨砂玻璃
❹ 仿古砖
❺ 木质搁板
❻ 灰色乳胶漆
❼ 米黄色玻化砖

❶ 铝塑板吊顶
❷ 仿木纹地砖
❸ 柚木饰面板
❹ 米色亚光地砖
❺ 木质搁板
❻ 白色乳胶漆

如何安装餐厅推拉门

日常的餐厅装修中，安装推拉门主要是起隔断作用，明确划分餐厅、客厅、厨房的区域，不过在很多时候我们都不知道怎样的餐厅才适合安装推拉门。在采用隔断的时候我们可以作推拉门处理，推拉门是一种节省空间的很好的方式，而且它的装饰效果很强，玻璃常常是作为餐厅推拉门材料的最佳选择。在一间狭小的餐厅，是不允许我们采用开关式门的设计，因为它不仅妨碍空间，而且我们把门打开里面基本上过不了人，这时选择一款玻璃推拉门，会给我们意想不到的效果。利用玻璃的通透性和反光性，将室外的光线折射进餐厅，让餐厅变得更明亮、视觉更开阔。

❶ 亚光地砖
❷ 热熔玻璃
❸ 彩绘玻璃
❹ 仿古砖
❺ 黑色烤漆玻璃

亚光地砖，在强光照射下对人的眼睛比较好点，而且那样的视觉效果也是很好的，因此有些人认为亚光砖优于抛光砖，也更有品位。由于放射性物质无色无味，日常生活中人们根本无法直接辨别哪些瓷砖辐射会超标，所以在装修时尽量不要将室内全部用瓷砖装饰。如果要选砖，最好选择亚光砖。如果使用了抛光砖，平时家中尽量开小灯，要尽量避免灯光直射或通过反射影响到眼睛。

❶ 石膏板
❷ 水曲柳饰面板
❸ 白色网纹玻化砖
❹ 白色亚光地砖
❺ 仿古砖
❻ 壁纸
❼ 有色乳胶漆

❶ 米黄大理石
❷ 红砖
❸ 黑白根大理石拼花
❹ 车边银镜
❺ 木质搁板
❻ 白桦木饰面板
❼ 亚光地砖

❶ 直纹斑马木饰面板
❷ 壁纸
❸ 金刚板
❹ 石膏板
❺ 木质装饰线
❻ 木造型刷白
❼ 米黄色玻化砖

餐厅中装饰画的选择

餐厅是家人用餐和交流感情的地方，一个好的用餐环境能促进家庭关系的和谐。因此在餐厅装修中，要注意装修风格和氛围。装饰画往往能起到调节气氛和整个餐厅风格的点睛作用，因此选择比较适合自己的装饰画是非常重要的。装饰画与空间很好地搭配，能够极大地彰显主人的品味，显示与众不同的气质。一幅装饰画的好坏，直接影响着家居的整体风格形象。装饰画的风格多种多样，选择适当的风格搭配是非常必要的。一般在餐厅，我们要求装饰画的风格跟整个室内风格一致，这样不会使餐厅有脱离整个家居的感觉。不过如果是独立餐厅，也可以采用独立的风格，这样也能更好地凸显主人在装修设计上的别具匠心。

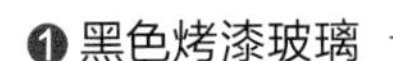

❶黑色烤漆玻璃
❷柚木饰面板
❸壁纸
❹木造型刷白
❺釉面砖

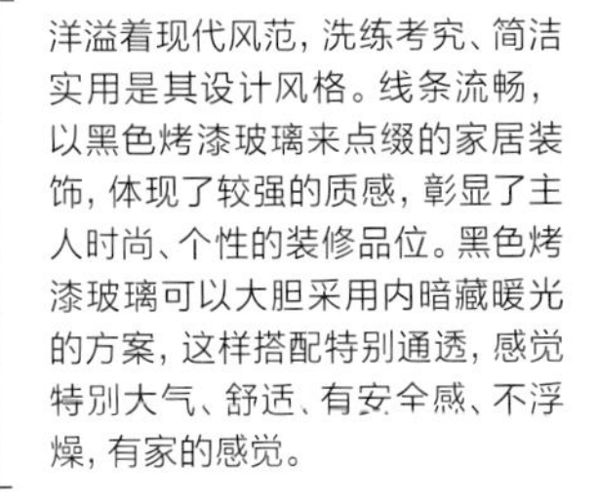

洋溢着现代风范，洗练考究、简洁实用是其设计风格。线条流畅，以黑色烤漆玻璃来点缀的家居装饰，体现了较强的质感，彰显了主人时尚、个性的装修品位。黑色烤漆玻璃可以大胆采用内暗藏暖光的方案，这样搭配特别通透，感觉特别大气、舒适、有安全感、不浮燥，有家的感觉。

❶ 柚木饰面板
❷ 铂金壁纸
❸ 铁锈红大理石
❹ 有色乳胶漆
❺ 金刚板
❻ 装饰镜面
❼ 手绘墙

❶ 仿古砖
❷ 浮雕壁纸
❸ 黑白根大理石拼花
❹ 木格栅吊顶
❺ 石膏板
❻ 彩绘玻璃
❼ 不锈钢条

❶ 壁纸
❷ 白色玻化砖
❸ 有色乳胶漆
❹ 实木踢脚线
❺ 茶色镜面玻璃
❻ 浮雕花纹壁纸
❼ 木质搁板

如何打造个性餐厅

随着人们生活水平的不断提高，人们越来越讲究生活情调，餐厅设计自然也是不能抛弃个人情调。时尚个性餐厅装修设计的理念就是餐厅装修既要讲究实用，也要加入个人喜爱的元素，增加些许情调。富有格调的餐厅装修，全由餐厅内部所有角落经过细致打理和装饰而成，并非简单的堆砌。餐厅的规划需要考虑到居住者用膳的习惯和茶余饭后打发时光的方式，遇到的问题形形色色，其中比如地面装饰、照明和功能规划等问题，对餐厅的整体气氛、风格起到了至关重要的作用。同时，如果餐厅和客厅或者厨房是相连的，那么餐厅可以使用跟客厅一致的地板，以显得美观大方。

❶ 艺术玻璃
❷ 仿古砖
❸ 有色乳胶漆
❹ 米色玻化砖
❺ 木窗棂造型
❻ 实木踢脚线

木窗棂造型具有先人古朴典雅的气质，与现代装饰融为一体，更能展现了主人装修的个性风格。木窗棂造型显示了中国传统的造型艺术，其体现了玲珑剔透和较强立体感的造型，也体现了我国古代木雕艺术的真谛，我们可以从中领悟到我国文化艺术的深刻内涵。

❶ 木质浮雕刷白
❷ 深啡网纹大理石
❸ 白色亚光地砖
❹ 木质搁板
❺ 艺术玻璃
❻ 装饰珠帘
❼ 条纹壁纸

❶ 艺术玻璃
❷ 金刚板
❸ 木质造型隔断刷白
❹ 不锈钢条
❺ 壁纸
❻ 白色玻化砖

❶ 轻钢龙骨装饰横梁
❷ 有色乳胶漆
❸ 仿古砖
❹ 壁纸
❺ 彩绘玻璃
❻ 水曲柳饰面板
❼ 金刚板

餐厅空间的布置

餐厅空间的布置要阴阳平衡。餐厅和其他房间一样，格局要方正，不可有缺角或凸出的角落。长方形或正方形的格局最佳，也最容易装潢。餐厅应位于客厅和厨房之间，位居住宅的中心位置。这样的布局不仅可以增进亲子间关系的和谐，而且能为用餐的人带来好运气。餐桌最好是圆形或椭圆形，避免有尖锐的桌角，这象征着家业的兴隆和团结。在用餐区装设镜子，映照出餐桌上的食物，有使财富加倍的效果。中国人饭后喜欢喝茶，去除油腻，在布置时应考虑。

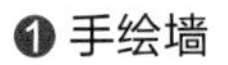

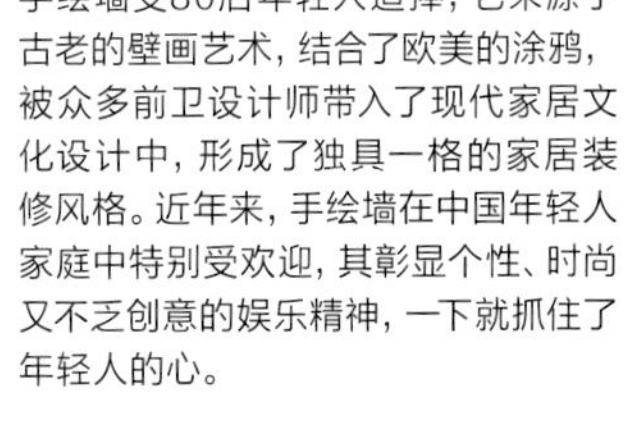

❶ 手绘墙
❷ 金刚板
❸ 白枫木饰面板
❹ 钢化玻璃搁板
❺ 白色乳胶漆
❻ 有色乳胶漆

手绘墙受80后年轻人追捧，它来源于古老的壁画艺术，结合了欧美的涂鸦，被众多前卫设计师带入了现代家居文化设计中，形成了独具一格的家居装修风格。近年来，手绘墙在中国年轻人家庭中特别受欢迎，其彰显个性、时尚又不乏创意的娱乐精神，一下就抓住了年轻人的心。

❶ 车边银镜
❷ 浮雕花纹壁纸
❸ 仿古砖
❹ 艺术墙贴
❺ 壁纸
❻ 木造型刷白
❼ 黑色烤漆玻璃

❶ 黑色烤漆玻璃
❷ 木纹壁纸
❸ 浮雕花纹壁纸
❹ 石膏装饰线
❺ 装饰镜面
❻ 手工绣制地毯
❼ 仿古砖

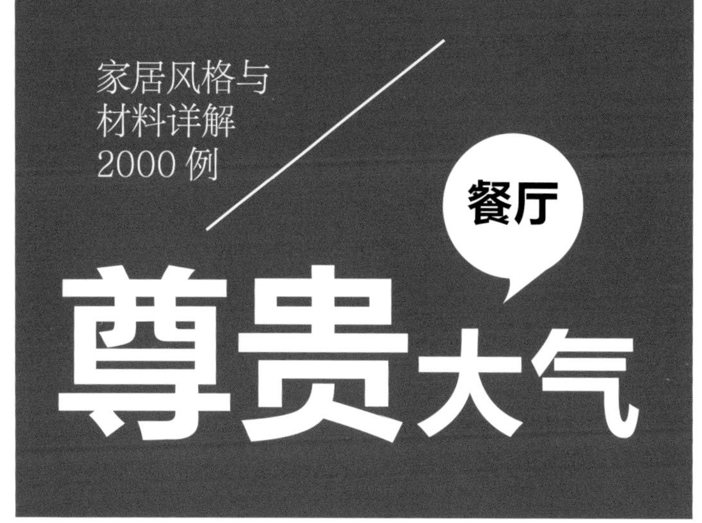

❶ 柚木饰面板
❷ 米色网纹玻化砖
❸ 木装饰角线刷金
❹ 米色玻化砖
❺ 波浪板刷银
❻ 条纹壁纸
❼ 手工绣制地毯

餐厅装修设计如何省钱

合理设计，装修到位。一般来说，装修前一定要留出足够的时间把设计、用料、询价和预算做到位，前期准备得越充分，装修速度可能越快，资金的浪费现象也可能降低到最低限度。用料做工，清楚明白。有些装修公司为降低成本，往往在代购材料时以次充好。所以，对于装修公司提供的图纸和报价单，消费者一定要让装修公司列出项目的尺寸、做法、用料(型号、品牌等)、价钱等，免得日后发生纠纷。在采购材料时，一定要货比三家，并尽可能找懂行的工人同去，以便选购到质优价廉的材料。此外，委托装修公司选购建材也是可行的。装修公司在选材上有固定的网点，由于经常大批量选购材料，质量稳定，价格也相对较低。

❶ 木装饰线条
❷ 木垭口刷金
❸ 壁纸
❹ 艺术玻璃
❺ 磨砂玻璃
❻ 仿古砖

木装饰线条简称木线，木装饰线条品种较多。主要有压边线、柱脚线、压角线、墙角线、墙腰线、覆盖线、封边线、镜框线等。各种木线立体造型各异，每类木线有多种断面形状，如平线、半圆线、麻花线、十字花线。木线条主要用作建筑物室内墙面的腰饰线、墙面洞口装饰线、护壁和勒脚的压条饰线、门框装饰线、顶棚装饰角线、栏杆扶手镶边、门窗及家具的镶边等。

❶ 实木角线
❷ 白色乳胶漆
❸ 黑白根大理石
❹ 轻钢龙骨装饰横梁
❺ 深啡网纹大理石
❻ 清玻
❼ 浅啡网纹大理石

❶ 玻化砖
❷ 仿古砖
❸ 壁纸
❹ 亚面抛光砖
❺ 石膏板
❻ 磨砂玻璃
❼ 金刚板

❶ 壁纸
❷ 仿古砖
❸ 木装饰线刷白
❹ 玫瑰木金刚板
❺ 石膏装饰浮雕刷金
❻ 仿古砖

如何进行餐厅与厨房的布局

餐厅一般位于客厅和厨房之间，这样的布局可把有限的空间变身为温馨的就餐环境。餐厅一些格局上的问题应避免，例如，一些楼中楼设计，餐厅应位于楼上，餐厅左右两面墙的窗户不应正对。餐厅的门不适合正对住宅的大门，餐厅的门不宜与卫生间的门相对。餐厅切忌位于上一层楼的厕所的正下方。餐厅和厨房的位置最好设于邻近，避免距离过远，以免耗费过多的置餐时间。餐厅不宜设在厨房之中，因厨房中的油烟及热气较潮湿，人坐在其中无法愉快用餐。厨房地面要平坦且忌比宅内各房间高。

❶ 胡桃木装饰垭口
❷ 木质搁板
❸ 樱桃木饰面板
❹ 茶色烤漆玻璃
❺ 柚木饰面板

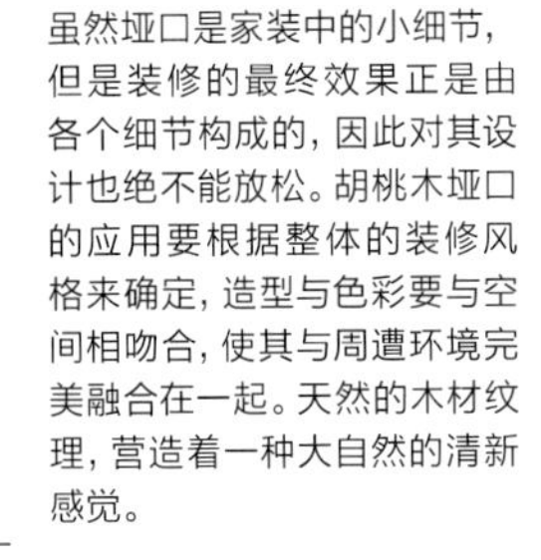

虽然垭口是家装中的小细节，但是装修的最终效果正是由各个细节构成的，因此对其设计也绝不能放松。胡桃木垭口的应用要根据整体的装修风格来确定，造型与色彩要与空间相吻合，使其与周遭环境完美融合在一起。天然的木材纹理，营造着一种大自然的清新感觉。

❶ 灰色烤漆玻璃
❷ 壁纸
❸ 白色亚光地砖
❹ 木装饰线
❺ 车边银镜
❻ 石膏板
❼ 米黄色网纹玻化砖

❶ 玻化砖
❷ 装饰镜面
❸ 皮纹砖
❹ 玻璃马赛克
❺ 玫瑰木金刚板
❻ 镜面玻璃
❼ 柚木饰面板
❽ 亚面抛光砖

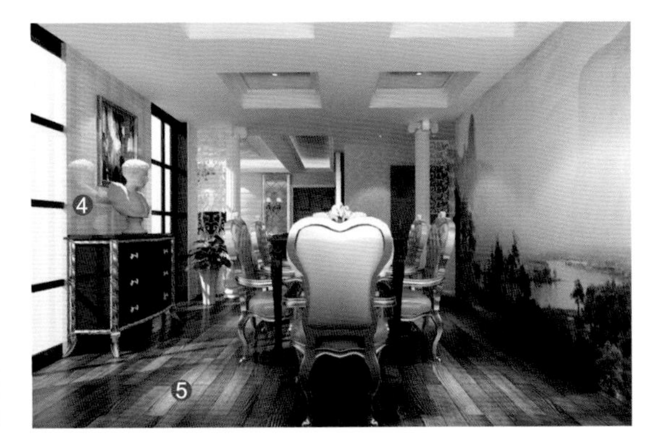

❶ 实木装饰线刷白
❷ 壁纸
❸ 玻璃马赛克
❹ 车边银镜
❺ 米黄网纹大理石
❻ 石膏板
❼ 白色乳胶漆

如何进行餐厅酒柜的设计

一个好的餐厅酒柜设计会给餐厅带来一道亮丽的风景线。酒柜的设计主要是讲究品位与情调，为我们平淡的生活添加一点调味剂。在我们的日常生活中选择一款酒柜，除了满足我们的基本需求之外，还要考虑到它的风格。现在市场上酒柜设计多种多样，让人眼花缭乱。无论是外形怎么好看的酒柜最终还是要符合我们自己餐厅的格调，讲究餐厅协调一致，那样装修出来的餐厅才会是我们理想中的餐厅。

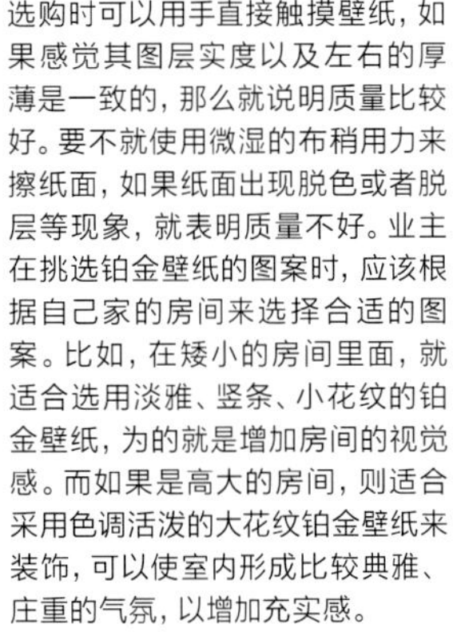

选购时可以用手直接触摸壁纸，如果感觉其图层实度以及左右的厚薄是一致的，那么就说明质量比较好。要不就使用微湿的布稍用力来擦纸面，如果纸面出现脱色或者脱层等现象，就表明质量不好。业主在挑选铂金壁纸的图案时，应该根据自己家的房间来选择合适的图案。比如，在矮小的房间里面，就适合选用淡雅、竖条、小花纹的铂金壁纸，为的就是增加房间的视觉感。而如果是高大的房间，则适合采用色调活泼的大花纹铂金壁纸来装饰，可以使室内形成比较典雅、庄重的气氛，以增加充实感。

❶ 玻化砖
❷ 米色网纹大理石
❸ 铂金壁纸
❹ 木装饰线刷白
❺ 黑色烤漆玻璃
❻ 玻化砖

❶ 铂金壁纸
❷ 实木踢脚线
❸ 马赛克
❹ 车边银镜
❺ 黄色玻化砖
❻ 轻钢龙骨装饰横梁
❼ 石膏装饰罗马柱

❶ 玻化砖
❷ 黑白根大理石拼花
❸ 柚木饰面板
❹ 金刚板
❺ 木百叶
❻ 木装饰线刷金
❼ 铁锈红大理石
❽ 米黄色网纹大理石
❾ 米黄色玻化砖

❶ 木装饰线刷白
❷ 水曲柳实木线
❸ 石膏板
❹ 木踢脚线
❺ 仿古砖
❻ 车边银镜
❼ 米色玻化砖

如何搭配餐厅墙面和灯光的色调

餐厅墙面颜色和餐厅灯光颜色搭配往往能左右整个餐厅的氛围。在餐厅里，应该有一种美的享受，很多简单的搭配都能让餐厅充满生机和品位。一般说来餐厅的颜色适宜选用暖色系，如黄色、橘红色等，这些色彩会让餐厅显得温馨并能刺激人的食欲。白色餐桌椅搭配实木的背景墙，显得非常雅致大气。柔和的墙面颜色搭配橘红色的灯光，温馨浪漫。餐厅墙面颜色和餐厅灯光颜色搭配一般情况下都要跟整个房屋的风格相协调。特别是那种不是独立餐厅的房屋，更要注重风格的搭配。如果餐厅与客厅相连，就要考虑到餐厅与客厅之间的协调性。但是如果是独立餐厅，则可以选择不同于客厅的风格，这样能凸显主人的品位和个性。

❶ 艺术玻璃
❷ 壁纸
❸ 黑白根大理石
❹ 石膏板
❺ 车边银镜
❻ 米黄色玻化砖

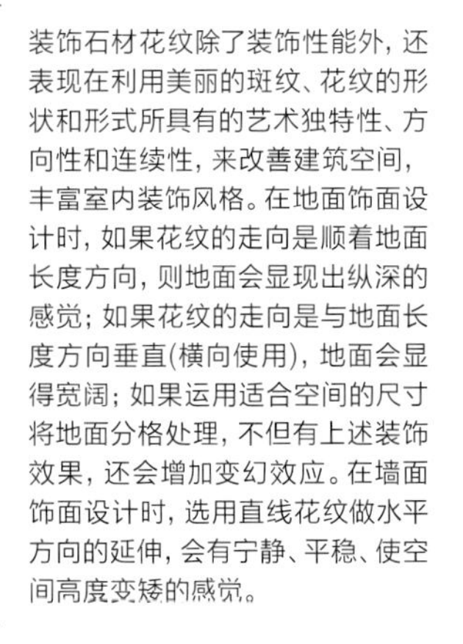
装饰石材花纹除了装饰性能外，还表现在利用美丽的斑纹、花纹的形状和形式所具有的艺术独特性、方向性和连续性，来改善建筑空间，丰富室内装饰风格。在地面饰面设计时，如果花纹的走向是顺着地面长度方向，则地面会显现出纵深的感觉；如果花纹的走向是与地面长度方向垂直(横向使用)，地面会显得宽阔；如果运用适合空间的尺寸将地面分格处理，不但有上述装饰效果，还会增加变幻效应。在墙面饰面设计时，选用直线花纹做水平方向的延伸，会有宁静、平稳、使空间高度变矮的感觉。

❶ 石膏角线
❷ 马赛克
❸ 人造大理石
❹ 石膏板
❺ 白色网纹玻化砖
❻ 浅啡网纹大理石
❼ 胡桃木饰面板

❶ 有色乳胶漆
❷ 米黄大理石
❸ 仿大理石玻化砖
❹ 仿古砖
❺ 石膏板
❻ 成品铁艺造型隔断
❼ 仿大理石壁纸

❶ 石膏板
❷ 深啡网纹大理石
❸ 红樱桃木饰面板
❹ 白色亚光地砖
❺ 车边银镜
❻ 木装饰线
❼ 米黄色亚光地砖

如何合理利用餐厅厨房一体空间进行收纳

整洁干净的餐厅空间能够为生活增加不少乐趣，而且还能提高生活品质。餐厅厨房柜中那些不方便放在抽屉里的厨房用具或经常使用的物品，可挂在柜门背面。在粘挂钩之前，要确认柜子里面没有放太多的东西。要注意想挂的物品的把手形状和厚度，一定是要不影响柜门的开关和不会掉落的类型。在柜门的背面安上网状的篮子，就可以非常轻松地取到洗涤用品。餐厅中可以利用储物柜来代替墙面装饰，既美观又实用。有些油烟机的顶端是平面的，可以设计一块隔板架在上面，摆放一些锅具等轻质的东西，取用很方便。

❶ 艺术玻璃
❷ 玫瑰木金刚板
❸ 茶色镜面玻璃
❹ 米黄色玻化砖
❺ 车边银镜
❻ 装饰罗马柱
❼ 仿古砖

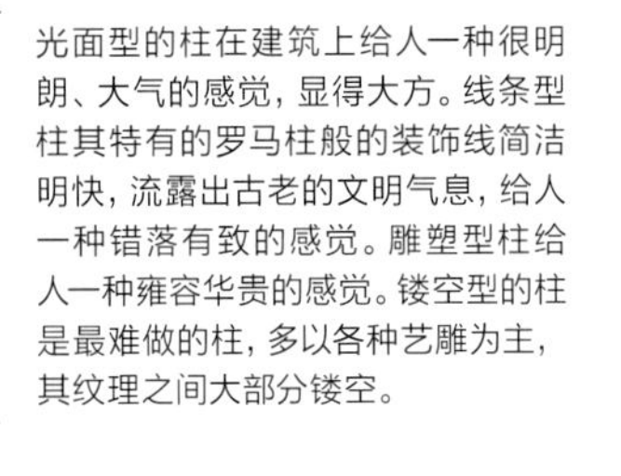

光面型的柱在建筑上给人一种很明朗、大气的感觉，显得大方。线条型柱其特有的罗马柱般的装饰线简洁明快，流露出古老的文明气息，给人一种错落有致的感觉。雕塑型柱给人一种雍容华贵的感觉。镂空型的柱是最难做的柱，多以各种艺雕为主，其纹理之间大部分镂空。

❶ 艺术玻璃
❷ 米色网纹玻化砖
❸ 铂金壁纸
❹ 玫瑰木金刚板
❺ 壁纸
❻ 黑白根大理石拼花
❼ 爵士白大理石

❶ 黑白根大理石
❷ 网纹玻化砖
❸ 金刚板
❹ 木造型隔断
❺ 不锈钢条
❻ 皮革软包
❼ 铁锈红大理石

❶ 玻璃马赛克
❷ 铁锈红大理石
❸ 车边银镜
❹ 浮雕壁纸
❺ 轻钢龙骨装饰横梁
❻ 白色乳胶漆
❼ 白色玻化砖

餐厅环境空间的艺术表现

“民以食为天”，中国人的“食”不仅仅只是满足生理需求的饮食，还包括餐厅空间环境艺术。餐厅的装饰艺术表现从环境设计角度讲它需要考虑的因素很多，包括历史文脉、建筑风格、环境气氛、心理因素等等，它是多元和综合的。在当今社会生活状态下，餐厅空间艺术品味要求越来越高，餐厅是一家人一起用餐并体现和谐气氛的场所，装修是个人生活态度的写照，要体现设计的朴实质地以及优雅的生活方式等。餐厅装修设计既要体现优雅、大方的风格，又要照顾到现代居民的就餐习惯，设计师在设计过程中不但要精致与实用兼具，更希望通过对餐厅整体布局的把握，传达出对生活的重视、对怀旧的留念以及时尚个性的展现。

❶ 壁纸
❷ 金刚板
❸ 米色墙砖
❹ 艺术壁纸
❺ 艺术玻璃
❻ 仿古砖

米色墙砖能很好协调居室内的色彩设计，而且贴墙砖是保护墙面免遭水溅的有效途径。它们不仅用于墙面，还用在门窗的边缘装饰上，也是一种有趣的装饰元素。用于踢脚线处的装饰墙砖，既美观又保护墙基不易被鞋或桌椅凳脚弄脏。

❶ 车边银镜
❷ 米色玻化砖
❸ 米色网纹大理石
❹ 爵士白大理石
❺ 艺术地毯
❻ 白色玻化砖
❼ 黑白根大理石踢脚线

❶ 米黄网纹大理石
❷ 仿古砖
❸ 车边银镜
❹ 壁纸
❺ 石膏板
❻ 茶色镜面玻璃
❼ 铁锈红大理石